画说三农书系

画说棚室甜瓜栽培新技术

中国农业科学院组织编写

焦自高　主编

中国农业科学技术出版社

图书在版编目（CIP）数据

画说棚室甜瓜栽培新技术 / 焦自高主编 . —北京 : 中国农业科学技术出版社 , 2018.1

ISBN 978-7-5116-2773-5

Ⅰ . ①画… Ⅱ . ①焦… Ⅲ . ①甜瓜－温室栽培 Ⅳ . ① S628

中国版本图书馆 CIP 数据核字 (2017) 第 316833 号

责任编辑 崔改泵
责任校对 贾海霞

出 版 者	中国农业科学技术出版社
	北京市中关村南大街 12 号　邮编 : 100081
电　　话	（010）82109194（编辑室）（010）82109702（发行部）
	（010）82109709（读者服务部）
传　　真	（010）82106650
网　　址	http://www.castp.cn
经 销 者	各地新华书店
印 刷 者	北京富泰印刷有限责任公司
开　　本	880mm×1 230mm　1 /32
印　　张	3
字　　数	76 千字
版　　次	2018 年 1 月第 1 版　2018 年 1 月第 1 次印刷
定　　价	25.00 元

编委会

《画说『三农』书系》

编委会

《画说棚室甜瓜栽培新技术》

主　任　何启伟

副主任　高中强　贺洪军

主　编　焦自高

副主编　王崇启　董玉梅　肖守华　韩　伟

编　者　（以姓氏笔画为序）

丁兆龙	王　晓	王崇启	王献杰	田京江
付成高	冯连杰	冯锡鸿	朱晓蕾	刘天英
刘成静	刘树森	刘祥礼	刘蕾庆	齐军山
孙玉杰	孙建磊	李文东	李圣辉	李全修
杨留锋	肖守华	冷　鹏	宋　康	张光伟
张伟丽	张杨杨	张建怀	赵　西	姜海波
高　超	常传亮	康振友	崔艳秋	董玉梅
韩　伟	韩风浩	焦　娟	焦自高	

序言

《画说『三农』书系》

　　让农业成为有奔头的产业，让农村成为幸福生活的美好家园，让农民过上幸福美满的日子，是习近平总书记的"三农梦"，也是中国农民的梦。

　　农民是农业生产的主体，是农村建设的主人，是"三农"问题的根本。给农业插上科技的翅膀，用现代科学技术知识武装农民头脑，培育亿万新型职业农民，是深化农村改革、加快城乡一体化发展、全面建成小康社会的重要途径。

　　中国农业科学院是中央级综合性农业科研机构，致力于解决我国农业战略性、全局性、关键性、基础性科技问题。在新的历史时期，根据党中央部署，坚持"顶天立地"的指导思想，组织实施"科技创新工程"，加强农业科技创新和共性关键技术攻关，加快科技成果的转化应用和集成推广，在农业部的领导下，牵头组建国家农业科技创新联盟，联合各级农业科研院所、高校、企业和农业生产组织，建立起更大范围协同创新的科研机制，共同推动农业科技进步和现代农业发展。

　　组织编写《画说"三农"书系》，是中国农业科学院在新时期加快普及现代农业科技知识，帮助农民职业化发展的重要举措。我们在全国范围遴选优秀专家，组织编写农民朋友喜欢看、用得上的系列图书，图文并茂地展示最新的实用农业科技知识，希望能为农民朋友充实自我、发展农业、建设农村牵线搭桥做出贡献。

中国农业科学院党组书记　陈萌山

2016 年 1 月 1 日

前言

画说棚室甜瓜栽培新技术

甜瓜，又名香瓜，在我国有着悠久的栽培历史。根据农业部统计，2015 年全国甜瓜播种面积 46.09 万 hm^2，总产量 1 527.1 万 t。我国西北地区主要种植厚皮甜瓜，随着设施栽培技术发展，东部厚皮甜瓜种植也在迅速发展。薄皮甜瓜在东北、华北、华东及华南等地广泛种植。甜瓜棚室种植效益较露地种植效益显著增加，而且具有生长周期短、易管理、便于接茬种植其他蔬菜等特点，近年来全国各地棚室栽培的面积正不断扩大。

甜瓜种植过程是一个系统工程，要实现甜瓜的高产、优质、高效，必须抓好每个种植环节，但我们发现，瓜农有时对管理细节掌握不够，似是而非，管理不到位，使种植甜瓜不能达到预期的效果。通常我们看到的介绍甜瓜种植的科普书籍，插入少量图片而主要用文字介绍技术的多，缺乏一目了然、一看即懂的图书。

本书在总结棚室甜瓜栽培经验和近几年甜瓜科研和生产上的新技术、新成果的基础上，以彩图、线条图和文字相结合的形式介绍了甜瓜新优品种、育苗技术、棚室栽培技术、病虫害防治技术，还专门介绍了甜瓜生产上的常见问题，分析了产生问题的原因及防治措施。全书图文并茂，尽可能减少文字叙述，而是以图片的形式展示技术环节，力求通俗易懂。

本书由长期从事甜瓜研究的科研人员和一线生产技术人员共同编著，适用于广大农技推广人员和甜瓜生产者使用。本书的出版对推动甜瓜产业的发展，提高甜瓜产业科技含量和产品市场竞争力，增加瓜农收入等都具有重要意义。

本书的编著出版得到了国家西甜瓜产业技术体系潍坊综合试验站建设任务、山东省农业良种工程项目的经费支持，还得到山东省农业科学院蔬菜花卉研究所、山东园艺学会西甜瓜专业委员会、中国农业科学技术出版社的大力支持，在此一并表示衷心的感谢。

由于编著者水平所限，疏漏和谬误之处在所难免，恳请同行和读者提出宝贵意见。

焦自高

2017 年 8 月

Contents

目 录

第一章 新优品种 ···································· 1
第一节 品种类型 ································ 1
第二节 新优品种 ································· 3
一、厚皮甜瓜品种 ······················ 3
二、薄皮甜瓜品种 ······················ 8
第二章 育苗技术 ··································· 13
第一节 冬春季常规育苗技术 ············· 13
一、育苗床的准备 ···················· 13
二、浸种催芽 ·························· 16
三、播种 ······························ 19
四、苗期管理 ·························· 21
第二节 嫁接育苗技术 ····················· 25
一、选择适宜砧木 ···················· 25
二、嫁接准备 ·························· 25
三、播种砧木和接穗 ·················· 25
四、嫁接方法 ·························· 26
五、嫁接后管理 ······················ 29
第三节 集约化育苗技术 ··················· 31
一、育苗设施设备 ···················· 31
二、基质配制 ·························· 33
三、穴盘选择与装盘 ·················· 33
四、育苗流程 ·························· 34
五、瓜苗储藏运输 ···················· 37
第三章 栽培技术 ··································· 39
第一节 冬春茬栽培技术 ··················· 39
一、品种选择 ·························· 39

二、定植前准备 …………………………………… 39
三、定植 ……………………………………………… 41
四、缓苗期管理 …………………………………… 45
五、定植后的管理 ………………………………… 46
六、收获 …………………………………………… 55
第二节 秋延迟茬及秋冬茬栽培技术 …………… 57
一、品种选择 ……………………………………… 57
二、育苗或直播 …………………………………… 57
三、定植前准备 …………………………………… 58
四、定植 …………………………………………… 59
五、定植后的管理 ………………………………… 59
六、采收 …………………………………………… 61

第四章 病虫害防治 ………………………………… 63
第一节 病害防治 ………………………………… 63
一、甜瓜白粉病 …………………………………… 63
二、甜瓜霜霉病 …………………………………… 64
三、甜瓜蔓枯病 …………………………………… 65
四、甜瓜细菌性果斑病 …………………………… 67
五、甜瓜叶枯病 …………………………………… 68
六、甜瓜炭疽病 …………………………………… 70
第二节 害虫防治 ………………………………… 72
一、瓜蚜 …………………………………………… 72
二、温室白粉虱 …………………………………… 73
三、蓟马 …………………………………………… 74
四、美洲斑潜蝇 …………………………………… 75

第五章 生产中常见问题 …………………………… 77
一、化瓜 …………………………………………… 77
二、扁平瓜 ………………………………………… 77
三、尖嘴瓜 ………………………………………… 78
四、裂瓜 …………………………………………… 79
五、果面斑点 ……………………………………… 80
六、发酵果 ………………………………………… 80
七、药害 …………………………………………… 82

第一节 品种类型

按生态学特性，通常简单地把甜瓜分为厚皮甜瓜与薄皮甜瓜两种。近年来市场上出现了许多厚皮甜瓜与薄皮甜瓜杂交而成的中间类型的品种。

薄皮甜瓜果实较小，一般单果重 0.3 ~ 1.0kg，中心可溶性固形物含量 12% 左右；果肉脆而多汁或面而少汁，皮薄，皮瓤一起食用。薄皮甜瓜较耐湿抗病，在我国分布较广，种质资源丰富，我国东北、华北是主要产区。薄皮甜瓜根据外形特征又分为四个品种群：一是白皮品种群，如益都银瓜、白沙蜜等；二是黄皮品种群，如金辉、黄金瓜等；三是花皮品种群，如羊角蜜、冰糖子等；四是绿皮品种群，如海冬青、王海瓜、绿宝等。

厚皮甜瓜果实较大，一般单果重 1.5 ~ 2.0kg 或更大，中心可溶性固形物含量 13% 以上，果皮厚且不能食用。厚皮甜瓜生长发育要求温暖、干燥、昼夜温差大、日照充足等条件，以前只在我国西北的新疆维吾尔自治区（简称新疆）、甘肃省等地种植，如新疆的哈密瓜、甘肃的白兰瓜等。20 世纪 80 年代，厚皮甜瓜东移栽培获得成功，面积迅速扩大。厚皮甜瓜按照表皮光滑程度和皮色分成五类：一是黄皮品种，如伊丽莎白、金玉、金蜜等；二是白皮品种，如白兔、京玉等；三是绿皮品种，如新世纪等；四是网纹品种，如鲁厚甜 1 号、蜜兰等；五是花皮品种，如流星等。

　　厚薄皮中间类型集合了厚皮甜瓜果肉较厚、耐贮运和薄皮甜瓜耐湿、早熟的优点，有些品种可连外果皮食用，有些品种外果皮仍然不能食用。目前生产上的主要品种有丰甜 1 号、中甜 1 号等。

第二节　新优品种

一、厚皮甜瓜品种

（一）伊丽莎白（图1-1）

由日本引进的厚皮甜瓜一代杂交种。耐低温、节间短、生长健壮、易坐果、易管理。果实圆球形，果实成熟后，果皮橘黄色，光滑鲜艳，无棱沟。果肉白色，肉厚2.8~3cm，种子腔小，细嫩可口，单果重0.6~0.8kg，最大可达1.5kg以上，脐小，具浓香味。果实发育期35天左右。成熟后不易落果，耐贮运。

图1-1　伊丽莎白

（二）瑞红（图1-2）

河北省廊坊市科龙种子有限公司选育的一代杂交种。雌花开放到果实成熟需 40 天左右，果实圆形，果皮橘红色，表皮光滑细腻。肉厚，白色，种子腔小，可溶性固形物含量 15% ～ 16%。口感脆甜，风味独特。植株长势强，耐低温弱光，适合冬春设施栽培。

图 1-2　瑞红

（三）鲁厚甜 1 号（图 1-3）

山东省农业科学院蔬菜花卉研究所育成的一代杂交种。适应性强，生长强健，抗病，易坐果。开花至果实成熟需 50 天左右。果实高球形，单果重 1.2 ～ 1.7kg。果皮灰绿色，网纹细密，果肉厚，

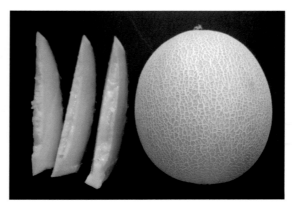

图 1-3　鲁厚甜 1 号

果肉黄绿色，酥脆细腻，清香多汁，久贮不变味，可溶性固形物含量16%以上，果皮硬，耐贮运。可进行多茬留瓜。适于冬春茬及秋冬茬设施栽培。

（四）翠蜜（图1-4）

我国台湾农友种苗公司育成的一代杂交种。生长强健，栽培容易，果实高球至微长球形，果皮灰绿色，单果重约1.5kg，网纹细密，果肉翡翠绿色，可溶性固形物含量约17%，最高可达19%，肉质细嫩柔软，品质风味优良。开花后约45天成熟，不易脱蒂，果硬耐贮运。刚采收时肉质稍硬，经2~3天后熟后，果肉即柔软，久贮香味浓烈，品质变差。抗枯萎病，适合设施栽培。

图1-4　翠蜜

（五）西州密17（图1-5）

新疆维吾尔自治区哈密瓜研究中心育成的一代杂交种。果实发育期50天。果实椭圆形，黑麻绿底，网纹中密，果形指数约为1.4，平均单果重2.0~2.5kg；果肉橘红色，肉质细、脆、蜜甜、风味好，肉厚3.2~4.7cm，中心可溶性固形物含量15.2%~17.0%，品质稳定，抗病性较强，较耐贮运。

图 1-5　西州密 17

（六）西州密 25（图 1-6）

新疆维吾尔自治区哈密瓜研究中心育成的一代杂交种。该品种果实椭圆形，浅麻绿、绿道，网纹细密。单果重 1.5kg 左右，果肉橘红色，肉质细、松、脆、爽口，风味品质良好，中心可溶性固形物含量 17% ~ 18%。耐贮藏，常温下存放 7 天瓜瓤不变软且边糖含量有所提高。

图 1-6　西州密 25

（七）玉金香（图 1-7）

甘肃省河西瓜菜研究所育成的一代杂交种。该品种品质优，抗病性强，适应性广，生长稳健，丰产潜力大。果实高圆形，单果重 0.8 ~ 1.0kg，果皮黄白色，果肉乳白细腻，甘甜可口，香味清淡，可溶性固形物含量 17%以上。

图 1-7 玉金香

（八）玉姑（图 1-8）

由我国台湾农友公司引进的一代杂交种。长势较强，坐瓜能力强。早熟，果实发育期 40 天左右，果实高球形，果皮白色，果面光滑或有稀少网纹，果肉淡绿而厚，种子腔小，单果重约 1.5kg，可溶性固形物含量约 17%。肉质柔软细腻，后熟待果肉软化后食用品质更佳。该品种抗枯萎病，适于设施及露地栽培。

图 1-8 玉姑

（九）天蜜脆梨（图 1-9）

济南市鲁青园艺研究所育成的一代杂交种。单果重 0.7 ~ 1.0kg，果实椭圆形，表皮纯白色，手触有蜡质光滑感；果肉厚 3 ~ 5cm，质地细密，晶莹剔透，入口清甜，脆爽如梨，品质上乘。该品种极耐贮运，自然条件下可存放 30 天以上。

图 1-9　天蜜脆梨

二、薄皮甜瓜品种

(一)景甜 5 号 (图 1-10)

黑龙江省景丰良种开发有限公司育成。中早熟,薄厚皮中间型,可溶性固形物含量 15% ~ 18%,肉色白,香甜适口,品质极佳,单果重 500 ~ 750g,抗病性强,七成熟时即可抢早上市,耐贮存和长途运输。

图 1-10　景甜 5 号

（二）景甜208（图1-11）

黑龙江省景丰良种开发有限公司育成。极早熟，易坐果，成熟果雪白光滑，单果重550g左右，可溶性固形物含量13%左右，肉色白，质脆甜，耐贮运，抗病性强，果实膨大速度快，产量高，适于设施及露地栽培。

图1-11 景甜208

（三）极品早雪（图1-12）

山东科丰公司推出的薄皮甜瓜一代杂交种。该品种特早熟，果

图1-12 极品早雪

实发育期 24 天。单果重 400 ~ 600g，果形端正，果皮白色，果面洁白光亮，晶莹剔透，果肉白色，可溶性固形物含量 14% 以上，风味好。子蔓、孙蔓极易坐瓜，抗枯萎病。

（四）羊角蜜（图 1-13）

地方品种。早熟，开花后约 30 天即可采收。果实羊角形，单果重 700g 左右，果皮绿色，上腹深绿条斑，肉色淡橙，肉厚 2cm 左右，瓜瓤橘黄色。肉质脆酥多汁，口感清爽。坐果容易，抗病、丰产。

图 1-13　羊角蜜

（五）花蕾（图 1-14）

天津科润蔬菜研究所培育的薄皮甜瓜一代杂交种。长势旺盛，综合抗性好。子蔓、孙蔓均能坐瓜，单株可留瓜 4 ~ 5 个，平均单果重 500g，果实成熟期 30 天。成熟果皮黄色，覆暗绿色斑块。果肉绿色，可溶性固形物含量 15% 以上。肉质脆，口感好，香味浓。春季设施、露地均可种植。

图 1-14 花蕾

（六）冰糖子（图 1-15）

山东省潍坊市地方品种。果实梨形，单果重 200 ～ 400g，花皮，条纹清晰，瓤淡黄色，可溶性固形物含量 12% ～ 14%，肉质脆甜爽口，耐贮运。

图 1-15 冰糖子

（七）甜宝（图1-16）

由日本引进。中晚熟，植株生长势强，开花后35天左右成熟。果实微扁圆形，果皮绿白色，成熟时有黄晕，香气浓郁，果脐明显，抗病性强，单果重400～600g，果实圆球形，果肉白绿色，皮色由绿色变黄色时即可食用。子蔓、孙蔓坐瓜。可溶性固形物含量16％左右，香甜可口，抗枯萎病、炭疽病、白粉病，耐运输。

图1-16　甜宝

第二章

育苗技术

第一节　冬春季常规育苗技术

一、育苗床的准备

苗床的准备工作包括营养土制备、育苗钵或育苗盘准备以及育苗床制作等。

（一）营养土配制

由于各地肥源不同，营养土的配制上有较大差异。有条件的也可以选用商品育苗营养土（育苗基质）。自制营养土常用配方：肥沃大田土60%、厩肥40%。若土质黏重，可适当增加厩肥或加入少量细沙。如营养土过于疏松，可适当增加厩肥或黏土来调整。厩肥应经高温堆制发酵，并充分腐熟后捣细过筛。厩肥、大田土配好后，每1m³营养土中再加入复合肥1.5kg、草木灰5kg、多菌灵80g、敌百虫60g，混合均匀后即为营养土（图2-1、图2-2）。

（二）营养钵或育苗穴盘

为减少伤根，促进缓苗，甜瓜最好采用营养钵或穴盘育苗。

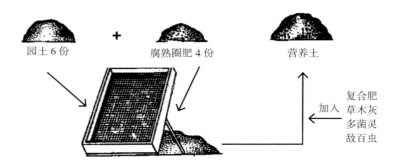

园土 6 份　＋　腐熟圈肥 4 份　营养土

加入　复合肥 草木灰 多菌灵 敌百虫

图 2-1　营养土配制

图 2-2　配制好的营养土

1. 育苗营养钵

应用塑料营养钵（图 2-3），这种营养钵上口径大，下部口径小，底部还有小眼，营养钵中浇水过多时能及时从底部渗出。甜瓜育苗，营养钵的上口径一般要求 8～10cm。塑料营养钵使用方便，并可重复利用。

图 2-3　营养钵

2.育苗穴盘

育苗穴盘一般由聚苯乙烯材料制成（图2-4）。一般瓜菜育苗穴盘是标准穴盘，尺寸为540mm×280mm，因穴孔直径大小不同，每个育

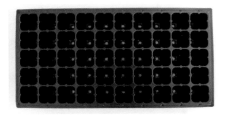

图2-4　育苗穴盘

苗盘的孔数不同。甜瓜育苗常使用32孔或50孔的育苗穴盘。向育苗钵、穴盘内装营养土时，无论是营养钵育苗或穴盘育苗，将上述营养土或专用商品育苗基质装入营养钵或育苗穴盘中（图2-5）。不宜装得太满，上口留出1.5～2.0cm，以便于浇水和播种后覆土。

图2-5　育苗穴盘装入基质并排放在苗床

（三）育苗床

甜瓜冬季育苗大多在日光温室或大拱棚中进行，并采用温床或采取其他辅助加温措施。生产上一般多采用电热温床或暖风炉加温育苗。

电热温床通常是在苗床营养土或营养钵下面铺设电热线，通过

电热线来提高苗床内的土壤和空气温度。电热温床育苗，易于控制苗床温度，便于操作管理。首先应根据电热温床总功率和线长计算出布线的间距，然后铺设电热线（图 2-6）。甜瓜育苗每 $1\,m^2$ 所需功率一般为 100～120W。早春育苗中发现，在小拱棚内育苗时有无电热线直接影响到幼苗的生长（图 2-7）。

图 2-6　铺设电热线

图 2-7　有无电热线幼苗生长差异
（上为有电热线处理）

　　冬春季育苗，特别是集中育苗时，还可采用暖风炉育苗（图 2-8）。利用暖风炉释放的热量来提高育苗棚室内的气温。在操作管理上比较简单，棚室内空气相对湿度低，病害相对较轻，也容易培育壮苗。

二、浸种催芽

（一）浸种

　　在浸种催芽前要对种子进行初选，选种时先考虑种子的纯度，此外还要选择粒大饱满

图 2-8　暖风炉

的种子，剔除畸形、霉变、破损、虫蛀的种子以及秕籽和小籽，然后再浸种。

1. 温汤浸种

在浸种容器内盛入 3 倍于种子体积的 55 ~ 60℃的温水，将种子倒入容器中并不断搅拌，使水温降至 30℃左右，保持该水温再浸种 4 ~ 5 小时（图 2-9）。

图 2-9　温汤浸种

2. 药剂浸种

常用高锰酸钾、磷酸三钠、多菌灵等消毒。高锰酸钾消毒法，用 0.2% 的高锰酸钾溶液浸泡种子 20 分钟，捞出后用清水洗净，可以杀死种子表面的病菌。磷酸三钠消毒法，用 10% 磷酸三钠浸种 20 分钟后洗净，可起到钝化病毒的作用。多菌灵等杀菌剂消毒法，用 50% 多菌灵可湿性粉剂 500 倍液浸种 60 分钟，可以防治甜瓜炭疽病等病害（图 2-10）。

药剂浸种时，当达到规定的药剂处理时间后，用清水洗净，然后在 30℃的温水中浸泡 4 小时左右。浸种时间不宜过短或过长，过短则种子吸水不足。浸种过程中种子应淘洗数遍，捞出种子沥干

图 2-10　药剂浸种

水分，包在湿润的纱布或毛巾中催芽。

（二）催芽

经浸种处理的种子，包在湿润的纱布或毛巾中，放到较温暖的环境中进行催芽，有条件的最好在催芽箱内催芽（图 2-11）。甜瓜种子发芽的适宜温度为 30 ～ 32℃。在 30℃的温度下，大多数的种子 24 小时左右就可出芽。如果天气不宜播种，应把出芽

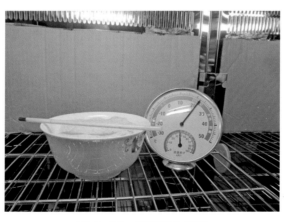

图 2-11　催芽箱内催芽

的种子摊开，盖上湿布，放在 10～15℃ 的冷凉环境下，以防芽子继续生长。

三、播种

选晴暖天气上午播种，播种时苗床地温最好能在 20℃ 以上，不低于 16℃。播种前先盖小拱棚烤畦的苗床，应临时撤掉小拱棚，检查苗床湿度，可在播种前再用热水泼浇一遍。事先没有浇水的，播种前应先用温水将营养钵或穴盘灌透。

将催芽的种子播种，每钵中播 1～2 粒种子，种子平放（图 2-12），然后盖土 1～1.5cm。

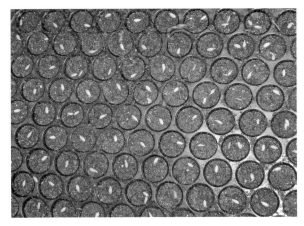

图2-12　种子平放

如果采用打孔器打孔后播种，则将营养钵或穴盘装上基质，用打孔器打孔（图 2-13），每个孔内播 1～2 粒种子（图 2-14），并将孔用营养土或基质填平（图 2-15）。

播种后在床面上覆盖一层地膜，起到保温、保湿的作用。苗床上用竹片等材料支架，严密覆盖塑料薄膜，扣成小拱棚（图 2-16、图 2-17），夜间盖草苫。并进行电热线或暖风炉加温。

图2-13　用打孔器打孔

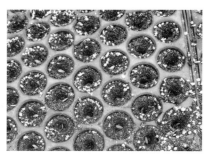

图2-14　穴内播种

图2-15　盖基质填平

图2-16　盖地膜插拱竿

图2-17　盖小拱棚

四、苗期管理

播种后苗期管理，重点是做好苗床温度、湿度、光照管理。

（一）温度管理

苗期温度管理可参照表2-1。

表2-1 甜瓜苗床温度管理指标

温度	播种—出苗	出苗—破心	破心—炼苗	炼苗
白天气温（℃）	28 ~ 32	20 ~ 25	27 ~ 29	20 ~ 25
夜间气温（℃）	20 ~ 25	15 ~ 17	17 ~ 19	15 ~ 17
地温（℃）	27 ~ 30	25 ~ 27	20 ~ 25	17 ~ 20

从播种到出苗，要随时观察苗床上的地温和气温（图2-18）。出苗前使地温保持在25℃以上，以27 ~ 30℃为最好。气温白天保持28 ~ 32℃，夜间20 ~ 25℃。当有50%幼苗顶土时，要及时揭掉地膜，并开始通风（图2-19）。出苗到心叶长出要求较低的温度，床内白天气温20 ~ 25℃，夜间15 ~ 17℃。如果此期温度过高，尤其夜温过高，则易引起徒长苗。从心叶长出后，为促进幼苗生长，气温以白天27 ~ 29℃，夜间17 ~ 19℃为宜。定植前降低温度炼苗。

图2-18 观察苗床温度

图 2-19 揭开地膜

（二）光照管理

苗床要保持充足的光照，小拱棚上的草苫等不透明覆盖物要做到早揭、晚盖。育苗棚室要覆盖透光率高的无滴膜，经常清除塑料薄膜的表面的尘土、碎草等。当遇到连阴天时，不可长时间不揭草苫，同时在连阴天情况下，可以采取人工补光措施（图 2-20）。在

图 2-20 苗床人工补光

育苗后期温度较高时,可将薄膜揭开,让幼苗接受阳光直射。

(三)通风管理

当苗床温度达到生育温度的要求时,进行适量通风。在育苗前期,外界温度较低,苗床通风量不宜过大,通风时间不宜过长。在育苗后期,特别是进入炼苗阶段,要加大通风量,有时夜间也要通风。

(四)肥水管理

苗床上应严格控制浇水,并选择晴天进行。浇水不可过多,否则影响地温提高。特别在播种后到破心,苗床湿度过大时,易发生猝倒病等病害。加温苗床在幼苗破心后,床土易发生落干现象,要及时检查苗床表土以下的土壤水分状况,及时补水(图2-21)。将塑料薄膜随揭开,随浇水,随盖上。不可把薄膜揭开过大,否则易"闪苗"。

图2-21 苗床喷水

在瓜苗生长过程中,若发现缺肥现象,可结合浇水进行少量追肥,一般可用0.1% ~ 0.2%尿素水浇苗,也可在叶面喷施0.2%的磷酸二氢钾或0.3%的尿素。

（五）病虫害防治

甜瓜苗期的病害主要是猝倒病，有时也易发生炭疽病和枯萎病。发生病害后及时用药剂防治（图2-22）。

图2-22　苗床喷药防病

第二节 嫁接育苗技术

一、选择适宜砧木

甜瓜接穗对砧木的亲和性要求很高，不同品种组合间的亲和性差异很大，因此要严格选择嫁接砧木。目前适用于甜瓜嫁接的砧木品种有全能铁甲、青研砧木一号、圣砧一号、甬砧一号、德高铁柱等。

二、嫁接准备

嫁接场所空间湿度要大，可事先喷水。场所要注意保温、避风，还要操作方便。嫁接所用工具主要有竹签、双面刀片等（图2-23）。

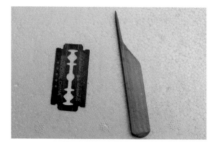

图2-23 竹签和双面刀片

三、播种砧木和接穗

嫁接栽培中，甜瓜的播种期比常规栽培提早5～7天。插接法、劈接法中，甜瓜比砧木晚播5～7天或在砧木苗出土时播种；靠接法中，砧木应比甜瓜种子晚播5天。砧木和甜瓜种子都要进行浸种和催芽，砧木种子常温浸种12小时，放在30～35℃下催芽，大部分种子出芽后即可播种。甜瓜浸种后放在30～32℃下催芽，经过24小时，大部分种子出芽后即可播种。采取插接或劈接时，砧木播到营养钵或穴盘中，营养钵上口径大于6cm，穴盘采用32穴，每钵（穴）播1粒。甜瓜播在苗床的一端或播在育苗盘中。

四、嫁接方法

（一）插接法

用竹签的先端首先去掉砧木的顶端（图 2–24）。然后紧贴砧木一子叶基部的内侧，向另一子叶的下方（约 0.3cm）斜插，插入深度为 0.5cm 左右，刚刚穿破砧木表皮为好（图 2–25）。用刀片从甜瓜子叶下约 1cm 处入刀，从一个侧面斜切一刀将甜瓜下端切掉（图 2–26），切面长 0.5 ~ 0.7cm，刀口要平滑。

图 2–24　竹签的先端去掉砧木的顶端　　　　图 2–25　对砧木斜插

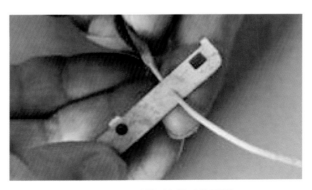

图 2–26　斜切掉甜瓜苗下端

甜瓜苗削好后，即将竹签从砧木中拔除，并插入甜瓜接穗（图2-27），插入的深度以使接穗甜瓜苗底部刚刚穿透砧木表皮，形成接穗甜瓜子叶与砧木子叶呈"十"字形的嫁接苗（图2-28）。

图 2-27　甜瓜接穗插入砧木　　　　图 2-28　甜瓜嫁接苗

（二）靠接法

将接穗、砧木的种子分别浸种催芽后，将接穗和砧木种子分别播种在不同的营养钵内，也可播于一个营养钵里。一般在接穗播种15天，砧木播种10天左右进行靠接（图2-29）。嫁接时先用

图 2-29　靠接砧木与接穗

刀片去掉砧木生长点，再在砧木一侧子叶下方 0.5 ～ 0.6 cm 处，以 40° 角用刀片自上而下斜切一刀，接口斜面长 0.7 ～ 0.8 cm，深度达茎粗 1/3（图 2-30）。接穗在子叶下 1 ～ 1.2 cm 处呈 30° 角向上斜切一刀，切口斜面长同砧木，深度达茎粗 1/3 ～ 1/2（图 2-31）。将砧木和接穗切口嵌合在一起（图 2-32），然后用嫁接夹固定（图 2-33），一般嫁接后 13 天左右，接穗 2 叶 1 心后切断接穗下胚轴。

图 2-30　削砧木

图 2-31　削接穗

图 2-32　砧木和接穗切口嵌合在一起

图 2-33　用夹子固定

（三）劈接法

砧木苗保留在营养钵内，将其生长点用竹签铲掉，然后用刀片从生长点开始在下胚轴的一侧，自上而下劈开长 1～1.5cm 的切口，切口宽度为下胚轴直径的 2/3（注意不要将下胚轴全部劈开，否则砧木子叶下垂，难以固定），然后将甜瓜苗从基部剪下，用刀片将下胚轴削两刀，使下胚轴的 1/3 的表面仍带有表皮，另 2/3 的面呈楔形。最后将接穗带表皮的一面朝外，插入砧木切口，再用夹子固定（图 2-34）。

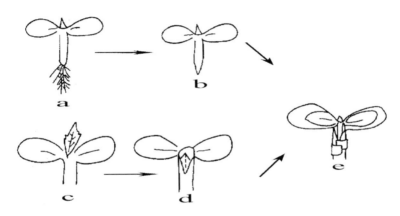

a. 适龄接穗苗；b. 削接穗；c. 适龄砧木苗；d. 劈开砧木；
e. 插入接穗，夹子固定

图 2-34 甜瓜劈接法嫁接示意图

五、嫁接后管理

嫁接苗栽植苗床应先浇足水，扣好小拱棚，随嫁接随将嫁接苗立即栽入小拱棚中，盖好塑料薄膜。保持小拱棚内湿度在 90%～95%。愈合阶段白天温度保持在 25～28℃，不超过 30℃，夜间 20℃。嫁接苗基本成活（嫁接后 4～5 天）后，夜温可适当降低，保持在 15℃左右，白天保持在 28～30℃，逐渐给苗床通风，降低苗床湿度，可保持在 65% ~ 75%。嫁接后的 2 ~ 3 天内苗床中午覆盖遮光，早晚光照较弱时可撤除覆盖物，使幼苗接受散射光，遮阴程度以见光不蔫为准，即嫁接苗接穗只要不蔫就不用遮阴。以后逐渐增加见光时间和光照强度，7 ~ 8 天后可不再遮光。

嫁接后还要及时除去砧木子叶节所形成的侧芽，防止侧芽长成。对嫁接苗上砧木的子叶，若健壮无病，应将其保留，否则应将其摘除。

第三节　集约化育苗技术

　　甜瓜集约化育苗围绕提高育苗效率、提高种苗质量、降低种苗成本、便于规模化、集约化生产的总体要求，因而在某些技术环节有别于常规育苗技术。

一、育苗设施设备

　　育苗工厂配备便于机械化作业、提高土地利用率、冬季能加温补光、夏季能通风降温且效果良好的设施和设备。育苗设施主要是日光温室和智能温室。其他辅助设备有自动播种机、恒温箱、催芽室、穴盘、防虫网、苗床、基质搅拌机、遮阳系统、补光系统、喷淋系统、加温和降温系统、发电和净水设备等（图2-35至图2-38）。

图 2-35　日光温室育苗

图 2-36　智能温室育苗

图 2-37　自动播种机

图 2-38 温室动力控制柜

二、基质配制

选用优质草炭、蛭石、珍珠岩为基质材料，三者按体积比 6∶1∶2 混合配制，然后每 $1m^3$ 混合基质加入 1.5 ~ 2kg 保瑞丰 10 号复合肥（$N∶P_2O_5∶K_2O=18∶18∶18$），同时加入 30% 苗菌敌可湿性粉剂 40g，用于基质消毒。每 $1m^3$ 基质加 100 L 清水搅拌均匀待用（图 2-39）。

三、穴盘选择与装盘

使用 0.5 mm 厚可降解一次性 PS 标准穴盘，50 孔，尺寸（长 × 宽）54 cm × 28 cm。将准备好的基质装入穴盘，抹平即可（图 2-40）。

图 2-39　基质配制过程

图 2-40　基质装盘

四、育苗流程

（一）种子处理

集约化育苗选用的种子质量要求更高，生产的种子要求达到：籽粒饱满，含水量在 8% 以下，发芽率和发芽势在 95% 以上，纯

度和净度100％。甜
瓜、嫁接砧木种子
要通过检疫性病害
的安全检测。

　　大型育苗工厂
普遍对甜瓜及砧木
种子进行温汤浸种
或药剂浸种处理
（图2-41）。随着近
年来甜瓜上细菌性

图2-41　浸种处理

果腐病和病毒病的加重，有的育苗工厂引进了干热消毒设备，可进
行干热消毒处理。干热消毒方法是将干燥的甜瓜和砧木种子，在
70℃的干热条件下处理72小时，然后浸种催芽。这种方法对种子
内部的病菌和病毒有良好的消毒效果。处理的种子要干燥，含水量
高的种子进行干热处理会降低种子的生活力（图2-42）。

图2-42　种子干热消毒

（二）播种

基质装盘后随之浇透水，将催出芽的种子播入育苗盘（图2-43），用混配基质盖1cm厚，用喷雾器喷水，喷水要湿透基质，手握混配基质有水溢出即可。或直接用自动播种机进行播种。

图2-43　砧木南瓜播种

（三）催芽出苗

将播种后的育苗盘放入催芽室中，控制适宜的温、湿度，进行催芽（图2-44、图2-45）。放育苗盘之前，催芽室的温度应达到25℃以上，相对湿度达到80%~90%。放入育苗盘后，给予适当

图2-44　催芽室（外部）

图2-45　催芽室（内部）

的变温管理，控制催芽室内的温度达 30℃。催芽室温度较高，水分蒸发量较大，育苗盘表面干燥，应及时喷水 1 ~ 2 次。当出苗率达 50% ~ 60% 时，喷 1 次水，有助于种皮脱落。喷水最好用 25℃左右的温水。

（四）苗期管理

育苗盘中出苗率达 60% 左右时，即可将育苗盘由催芽室移入育苗室，保持昼温 28 ~ 30℃，夜温 18℃。遇阴天温度可适当降低 3 ~ 5℃。连栋温室冬季育苗夜间最好覆盖保温（图 2-46）。

图 2-46 苗床夜间覆盖保温

子叶展开后应及时供给营养液。供液的方法一般采用喷液法或灌液法。幼龄秧苗供液浓度应偏低些，并及时喷水，防止苗床干旱。应防止育苗盘内积液过多，以基质保持湿润为度，每 3 ~ 5 天供液 1 次。

育苗期间病虫害，要采取综合措施防治。温室消毒用 15% 的杀菌烟雾剂、15% 杀虫烟雾剂配合硫磺熏蒸灯使用，每 667m² 温室用 10 个硫磺熏蒸灯，每个熏蒸灯用硫磺 25g，封闭高温闷棚 3 ~ 5 天，待气味散尽后即可使用（图 2-47）。所有通风口及进出口均设 40 目的防虫网。设施内张挂黄色粘虫板。

五、瓜苗储藏运输

甜瓜苗达到成苗后需要及时运达农户定植。一般采用适宜的包装箱，如普通纸盒箱（图 2-48）、泡沫箱、塑料箱等，箱式货车或

图 2-47　硫磺熏蒸灯

面包车运输。短途运输秧苗车辆具备保温、防雨功能。长途运输最好具备保温、防雨、保湿等可控的运输箱体。有条件的进行温湿度调控，温度保持 13 ～ 15℃，不低于 10℃，不高于 20℃，相对湿度控制在 80% 以下。长途运输的秧苗到达目的地后，将秧苗放置在设施内，保持温度 20℃，打开包装，使秧苗逐渐适应外界的温度，防止突然升温造成不必要的损失。

甜瓜苗短期贮藏条件指标：昼温 12℃，夜温 9℃，空气相对湿度 75%。

图 2-48　成苗装箱

第三章

栽培技术

第一节　冬春茬栽培技术

日光温室冬春茬栽培一般在 12 月上、中旬播种育苗，4 月中旬至 6 月上旬收获。大拱棚栽培播种期为 2 月上旬至 2 月下旬，定植期为 3 月上、中旬。

一、品种选择

棚室冬春茬甜瓜栽培，应选用早熟或中早熟的品种，并应具有低温下生长及结果性好，较耐阴湿环境和优质、丰产、抗病等特点。厚皮甜瓜品种可选用伊丽莎白、翠蜜、鲁厚甜 1 号、瑞红、天蜜脆梨等；薄皮甜瓜品种可选用景甜 5 号、羊角蜜、花蕾、甜宝、极品早雪等。

二、定植前准备

（一）土地选择

甜瓜对土质的要求不甚严格，但为实现优质、高产，最好选择土壤疏松、肥沃、土层厚的沙壤土。为防止有病菌的土壤使甜瓜染病，最好选择 3 ～ 5 年内未种过瓜类蔬菜的土壤。

（二）整地、施肥、作畦

棚室甜瓜栽培密度较大，因此要求精细整地、施肥。冬季休闲的大棚，要提前翻地晒垡（图3-1）。有越冬菜的棚室，定植前10～15天进行清园，并深耕。将底肥的一半全地面撒施（图3-2），再翻入土中，整平后再开沟集中施肥。

图3-1　冬前翻地晒垡

图3-2　撒施有机肥

冬春茬栽培甜瓜施肥量，中等肥力的土壤，一般每667m² 施腐熟的厩肥4 000～5 000kg、饼肥150kg、腐熟鸡粪1 500kg、氮磷钾复合肥50kg。对前茬作物为瓜类的棚室，作垄时垄底施用50%敌克松可湿性粉剂2kg或50%多菌灵可湿性粉剂2kg，进行土壤消毒。

整地施肥后作畦，厚皮甜瓜一般采取小高垄或高畦（图3-3）。每3m宽，整两畦，即将地整成90cm宽高

图3-3　整平后作高畦

畦，60 cm 宽低畦。

薄皮甜瓜采取高畦栽培。爬地栽培的，畦宽 200 ~ 250 cm，每畦栽两行；吊蔓栽培的，畦宽 160 cm，每畦两行。

三、定植

（一）定植期

甜瓜要在地表下 10 cm 地温稳定在 14 ~ 15℃以上，日最低气温不低于 13℃时定植。定植应选寒流刚过后的晴暖、无风天气的上午进行。

（二）起苗

较疏松的营养土在过干时容易散坨，可在栽植前一天给苗床喷水。起苗时注意尽量保护根系，做到少伤根。为预防病害，在起苗前，苗床上通常喷一遍防护药剂（图 3-4），如百菌清或多菌灵等。

图 3-4 定植前苗床喷药

（三）定植密度

厚皮甜瓜栽培一般行距 75 ~ 90 cm，株距 40 ~ 50 cm，每 667 m² 种植 1 700 ~ 2 200 株。厚皮甜瓜小果型早熟品种（单果重在 1.5kg 以下），每 667m² 可种植 2 000 ～ 2 200 株；而大果型品种（单果重在 1.5kg 以上）每 667m² 种植 1 500 ～ 1 800 株。

因品种不同，具体栽培密度要根据试验和生产实践才能确定。作者于 1999 年春季，以网纹厚皮甜瓜品种'鲁厚甜 1 号'为试材，单蔓整枝，每株留 1 果，按株距 × 行距为 40cm×80cm（每 667m² 栽植 2 083 株）、45cm×80cm（每 667m² 栽植 1 851 株）、50cm×80cm（每 667m² 栽植 1 667 株）、55cm×80cm（每 667m² 栽植 1 515 株）进行的密度试验证明（表 3-1），鲁厚甜 1 号以每 667m² 栽 1 851 株产量最高，而以每 667m² 栽植 1 515 株单瓜最大，确定鲁厚甜 1 号的适宜密度为每 667m² 种植 1 600 ～ 1 800 株。

表 3-1 '鲁厚甜 1 号'甜瓜栽培密度试验
（1999 年春）

密度 （株距 × 行距）	小区产量 （kg/21m²）	折合 667m² 产量 （kg）	单瓜重 （kg）
40cm×80cm	83.25	2 647.9	1.27
45cm×80cm	91.75	2 912.7	1.53
50cm×80cm	85.95	2 728.6	1.53
55cm×80cm	80.89	2 568.0	1.57

薄皮甜瓜爬地栽培的，平均行距 100 ～ 125cm，株距 45cm，每 667m² 种植 1 200 ～ 1 500 株；吊蔓栽培的，平均行距 80cm，株距 45cm，平均 1 800 株左右。

（四）定植方法

定植前，先铺好地膜（图 3-5）。按预定的株距，在地膜上挖穴，穴的大小应与土坨或营养钵大小相适应（图 3-6）。先小心脱掉塑料营养钵（图 3-7），将带完整土坨或营养基质的秧苗放入穴内（图 3-8），使土坨表面与畦面平齐或稍微露出畦面，先埋少量

图 3-5　畦面铺地膜

图 3-6　在地膜上挖穴

图 3-7　把苗从营养体中取出

图 3-8　放苗入穴

土，使幼苗直立，然后在穴内浇水，之后填土，沿土坨四周用手将填入的土轻轻压实。如果土壤底墒不足或土壤松散，或土坨较干时，可在全棚室栽完后，随即浇一次水。

　　有的瓜农在定植前地面不盖地膜。先挖穴、栽苗。定植后的缓苗阶段划锄 1 ~ 2 遍并整平畦面（图 3-9），然后覆盖地膜。将地膜展开拉直拉平（图 3-10），覆盖在栽好苗的床面上，地膜两边压好（图 3-11），然后撕开地膜将苗掏出（图 3-12），用土将苗定植穴压严（图 3-13）。

　　棚室栽完后，整理畦面，在畦面扣小拱棚（图 3-14）。由于棚室内无风，所以拱架材料要求不甚严格，小拱棚覆盖薄膜。对薄膜

图 3-9　划锄整平畦面

图 3-10　将地膜展开覆盖

图 3-11　地膜两边压好

图 3-12　撕开地膜将苗从膜中掏出

图 3-13　用土将穴封严

图 3-14　定植后盖好小拱棚

不必压得很牢固，以便于揭、盖。

四、缓苗期管理

定植后 5 ~ 7 天内，要注意提高棚室内的温度，尤其是地温，应使地温保持在 15 ~ 18℃，气温维持在 30℃左右，以利于缓苗生长。夜间小拱棚以及棚室外可覆盖保温被保温（图 3-15）。

图 3-15　日光温室夜间覆盖保温被

刚定植的秧苗，当幼苗根系发育不良，或定植时散坨，秧苗很易发生萎蔫现象，这时不必通风，而采用遮阳网等在中午前后进行适当遮光、降温。

五、定植后的管理

（一）环境条件调控

1. 温度管理

缓苗后开始通风。一般白天温度不超过32℃，夜间不低于15℃，随着天气转暖逐渐加大通风量。棚室内直到3月上旬前，由于环境温度较低，管理要以保温为主，少通风，通小风，通风时利用顶部通风（图3-16），此期保持白天气温25～28℃。

图3-16　日光温室顶部通风

3月上旬以后，外界气温逐渐升高。甜瓜进入开花授粉和坐瓜期，白天气温控制在28～32℃，夜间15～18℃，保持13℃以上的温差。甜瓜开花授粉期，温度低于15℃则影响授粉和坐果。进入5月以后，棚室外气温超过18℃，顶部通风口和两侧通风口可同时打开，并在夜间通风（图3-17）。甜瓜生长后期，大拱棚下部薄膜或日光温室前棚面底部薄膜卷起，进行大通风。

图 3-17　大拱棚两侧面通风

2．湿度管理

棚室环境密闭，空气湿度较大。特别在甜瓜生长后期，灌水量增加，使棚室内湿度增高，白天相对湿度达到 60% ~ 70%，夜间达 80% ~ 90%。为降低棚室内空气湿度，减少病害的发生，可采用地膜覆盖；采取滴灌供水及膜下浇水。晴暖天气下午可适当晚关闭风口，加大空气流通；下雨天，不开顶部通风口，防止雨水滴入棚室内而增加湿度；尽量减少浇水次数。浇水后及时通风降湿。

3．光照调节

为改善光照条件，在白天上午 9 时至下午 3 时，可将棚室内的小拱棚揭开，让瓜苗多见光。注意保持棚膜的洁净，经常擦洗薄膜（图3-18）。及时更换薄膜。瓜农近年来还在棚室的透明棚面上系上除尘布

图 3-18　清洁棚膜

条，布条随风摆动，可以将薄膜上的尘土擦掉（图3-19）；要严格整枝，及时打杈和打顶。采用反光幕改善光照条件（图3-20）。

图3-19　利用除尘布条除尘　　　　图3-20　后墙上张挂反光幕

（二）肥水管理

1. 追肥

植株伸蔓期，即吊秧或支架前后，可追一次肥，以速效氮肥为主，适当配合磷、钾肥。尿素、磷酸二铵等按1：1比例，或用复合肥、硫酸铵代替磷酸二铵和尿素，每667m²追施20～25kg，随即浇水。

幼瓜长至鸡蛋大小时，果实开始迅速膨大。追肥以磷、钾肥为主，少施或不施氮肥。可每667m²追施磷酸二铵15kg、硫酸钾15kg、尿素10kg，或追施氮、磷、钾复合肥20～30kg，或开沟冲施腐熟捣细的饼肥50～75kg。果实膨大期间，可用0.2%～0.3%的磷酸二氢钾，或锌、镁、硼等土壤易缺乏的中微量营养元素，叶面喷施2～3次。

甜瓜追肥浇水，特别适合应用水肥一体化设施设备进行（图3-21），节水节肥，肥水利用效率高。

2. 浇水

早春棚室栽培前期温度低，一般不宜浇水。除在定植时浇一次

图 3-21　简易水肥一体化系统（马忠明 供图）

水外，缓苗后地若不干，可以不浇水。以后随着温度的升高，应逐渐加大浇水次数和浇水量。进入开花坐果期，为防止水分过多造成徒长而化瓜，一般不浇水。坐瓜后，幼瓜膨大快，需水多，外界温度也已升高，要增加水分供应，使土壤保持湿润为好，此期一般每7～8天浇一次水。为防止病害（如枯萎病、疫病等）的发生，浇水时不应采取漫灌的方法，最好采取膜下浇水，有条件的采取滴灌供水（图 3-22）。

图 3-22　滴灌供水

采收前 5 ～ 7 天，应停止浇水，以促进甜瓜成熟，并有利于含糖量和品质的提高。

（三）整枝、吊秧、缠蔓

1. 整枝

整枝工作包括对母蔓、子蔓、孙蔓摘心，摘除多余侧蔓、合理留蔓、留叶、去卷须等。

（1）厚皮甜瓜整枝方式。厚皮甜瓜的整枝方式很多，应结合品种特点、栽培方式、土壤肥力、留瓜多少而定。棚室厚皮甜瓜整枝方式主要有单蔓整枝和双蔓整枝（图 3-23）。

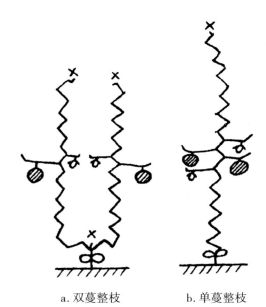

a. 双蔓整枝　　　　b. 单蔓整枝

图 3-23　厚皮甜瓜的整枝方式

单蔓整枝：以母蔓为主蔓，利用主蔓上第 10 至第 14 节长出的子蔓坐瓜，有雌花的子蔓留 1 ～ 2 片叶摘心，母蔓长到 27 ～ 30 片叶时打顶，将植株上长出的其他子蔓全部抹去。

双蔓整枝：母蔓 4 ~ 5 片真叶时摘心，促发子蔓，从中选择长势好、部位适宜的两条子蔓留下，抹去其余子蔓。选择子蔓第 10 至第 14 节位上的孙蔓坐瓜，有雌花的孙蔓留 1 ~ 2 片叶摘心，每条子蔓生长到 20 片叶左右时打顶。

（2）薄皮甜瓜整枝方式。吊蔓与爬地栽培略有不同。

吊蔓栽培中，多采取单蔓整枝。先将主蔓第 1 至第 3 节着生的子蔓摘掉，主蔓第 6 至第 8 节着生的子蔓作为结果枝，留 2 叶及早摘心，选留瓜柄粗、瓜形正的果实 3 ~ 4 个。主蔓其余各节着生的子蔓尽早抹掉。主蔓 25 ~ 27 节时打顶。主蔓上靠近顶部留 3 ~ 4 个子蔓作为二次结果枝，也留 2 叶摘心，留果 2 ~ 3 个。该法适于以子蔓结瓜为主的品种，但如果误种了子蔓雌花少的品种，可将未结果节位的子蔓留 2 叶摘心，促发孙蔓，孙蔓留 1 ~ 2 叶摘心留瓜，其他管理相同。

爬地栽培中，多数采取双蔓整枝和多蔓整枝方法（图 3-24）。

双蔓整枝。瓜苗 4 ~ 5 片叶时摘心，子蔓长出后，选留 2 条健壮子蔓，子蔓长到 20 ~ 30cm 长时，摘除基部第 1 至第 2 节上的孙蔓，以后无雌花的孙蔓也要摘除，有雌花的孙蔓在雌花前留 1 ~

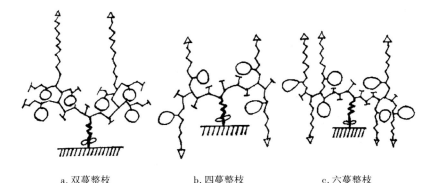

a. 双蔓整枝   b. 四蔓整枝   c. 六蔓整枝

图 3-24　薄皮甜瓜的双蔓和多蔓整枝示意图

2叶摘心，每条孙蔓留瓜1个，每株留瓜多个。子蔓在瓜成熟前摘心。

多蔓整枝。一般在主蔓有5～6片真叶时摘心，子蔓长出后，每株可留健壮子蔓3～4条，每条子蔓8～12叶时第2次摘心，在子蔓2～3节处留孙蔓坐瓜，孙蔓花出现后留3～4叶摘心，每株留4～6个瓜。除掉其余的子蔓和孙蔓。

2.吊秧与缠蔓

棚室甜瓜一般在蔓长30～40cm时进行吊秧。用尼龙绳或塑料绳作吊绳，吊绳下端系住植株底部，上端系在上部顺行的铁丝上（图3-25）。甜瓜茎蔓不能直立，吊秧时须将茎蔓缠到吊绳上。缠蔓时勿将嫩茎、叶片、雌花、果实等折断，并注意理蔓，使叶片、瓜等在空间能合理分布。

图3-25　塑料绳吊秧

（四）促进坐瓜、留瓜、吊瓜

1.促进坐瓜

由于早春气温低，棚室内活动昆虫很少，只有采取促进坐瓜的措施（人工授粉、生长调节剂处理、蜜蜂授粉），坐瓜才有保证。

（1）人工授粉。一般在上午8—10时进行。在预留节位的雌花开放时，取当日开放的雄花，去掉花瓣，向雌花柱头上轻轻涂抹。若雄花不足，一朵雄花可授3～4朵雌花。授粉后的雌花，最好挂牌标明授粉日期，以便确定适宜的成熟期（图 3-26）。

图 3-26　人工授粉

（2）生长调节剂处理。生产上常用坐瓜灵处理。坐瓜灵处理可在雌花开放当天或开花前 1 ～ 2 天内进行，浓度为 200 ～ 400 倍液，方法是用微型喷壶对着瓜胎逐个充分均匀喷施，或用毛笔浸蘸坐瓜灵药液均匀涂抹瓜柄（图 3-27、图 3-28）。

图 3-27　坐瓜灵处理——喷花

图 3-28　坐瓜灵处理——蘸花

2. 留瓜

留瓜节位：留瓜节位不宜过低或过高。生产实践证明，棚室栽培厚皮甜瓜的适宜留瓜节位为第 10 至第 14 节，坐瓜节位以上留 15 片叶左右。薄皮甜瓜留瓜节位根据整枝方式而定。

留瓜数量：留瓜数量应根据品种、整枝方式、栽培密度等条件而定。早熟品种可多留瓜。单蔓整枝少留瓜，双蔓整枝多留瓜。栽培密度大时少留瓜，密度小时多留瓜。以'伊丽莎白'厚皮甜瓜品种的试验证明，留瓜个数越多，叶果比越小，单瓜重越小，总产量越高（表 3-2）。

表 3-2　留瓜个数对厚皮甜瓜果重及叶面积的影响

留瓜个数（个）	单株果重（g）	单瓜重（g）	单株叶面积（cm²）	叶果比（cm²/g）
1	510.0	510.0	5 491.7	10.77
2	812.5	406.3	5 052.7	6.22
3	1 135.0	378.3	4 756.1	4.19

注：品种为伊丽莎白；第 27 节打顶；单瓜留在第 13 节；双瓜分别留在第 12、第 13 节；三瓜分别留在第 12、第 13、第 14 节。

生产上，厚皮甜瓜中小果型品种（单瓜重小于0.75kg）进行双蔓整枝时，一般每株留2～3个瓜，单蔓整枝每株留2个瓜；晚熟大果型品种（单瓜重大于0.75kg）单蔓整枝时，一般每株留1个瓜。薄皮甜瓜的留瓜数量，根据果实大小及整枝方式而定，一般每株留4～6个瓜。

3. 吊瓜

吊蔓栽培的甜瓜，在幼瓜长到0.5kg以前，应当及时吊瓜。吊瓜有利于防止果实长大后脱落，使植株茎叶与果实在空间合理分布，防止果实直接接触地面，造成瓜体污染或感病，使果面颜色均匀一致，提高商品质量。

六、收获

甜瓜的收获期比较严格，若采收过早，则果实含糖量低，香味差，有的甚至有苦味。采收过晚，则果肉组织分解变绵软，品质、风味下降，甚至果肉发酵，风味变差，不耐贮运。外运远销的商品瓜，应于正常成熟前3～4天采收。采用以下标准判断果实是否成熟。

第一，计算结实花开放到成熟的天数。对每朵雌花都标记上开花的日期（图3-29），厚皮甜瓜早熟品种一般需要35～40天，中晚熟品种40～50天，个别特大果品种甚至需要60天以上。薄皮甜瓜品种一般25～35天成熟。温度高、光照足，可提早成熟3～4天；阴雨低温，会延迟成熟3～4天。

第二，根据外观判断。如：果皮颜色充分褪绿转色（转色果实）；无网纹品种果实蒂部有时会形成环状裂纹；网纹甜瓜果面上的网纹清晰、干燥、色深；着瓜节的叶片叶肉部分呈失绿斑驳状（图3-30），坐果节位的卷须干枯等。

第三，根据手感判断。成熟果实脐部变软，用手指轻按脐部时

图3-29　授粉后挂牌标记授粉日期

图3-30　果实成熟时坐瓜节叶片褪绿

会感到明显弹性。

　　第四，根据香气判断。对有香气的品种，成熟瓜能够散发出很浓的芳香气味，未成熟的瓜不散发出香味或香味很淡。

　　采收甜瓜宜于早上或傍晚进行。此时温度低，瓜耐贮放，不易染病和发酵。采摘时要轻拿轻放，避免磕碰挤压。

第二节　秋延迟茬及秋冬茬栽培技术

一、品种选择

棚室秋延迟茬、秋冬茬栽培适宜的厚皮甜瓜品种有伊丽莎白、鲁厚甜 1 号、西州密 25 等；薄皮甜瓜有羊角蜜、花蕾、甜宝等。

二、育苗或直播

秋延迟茬、秋冬茬甜瓜播种期较严格。在山东各地及附近地区，日光温室、大拱棚秋延迟栽培一般在 7 月中、下旬播种育苗。秋冬茬栽培一般在 8 月上、中旬播种育苗。

秋延迟茬、秋冬茬育苗正值夏秋季，温度高、降雨多，病虫害发生重。育苗过程中重点抓好遮阴、降温、防雨、防虫等工作，如在采取高畦育苗（图 3-31），阳光过强时适当遮阴（图 3-32）。

图 3-31　高畦育苗

图3-32　夏季光照过强时遮阳网遮阴

秋延迟栽培也可直播，直播可减少伤根，病毒病轻。直播苗因为没有移栽缓苗阶段，因此播种期可较育苗晚 4 ~ 5 天。直播的甜瓜，苗期也要注意遮阴、降温、防雨。

三、定植前准备

（一）整地

秋延迟、秋冬茬栽培，为保证前期防止雨涝，地块要求地势高，排水良好，并最好采取垄作。一般垄高应比周围地平面高出 15cm 以上。秋冬茬栽培的整地、作畦和施肥方法可参考本章"第一节　冬春茬栽培技术"部分。

（二）盖棚膜、上防虫网

秋延迟茬、秋冬茬栽培在定植前即将棚室上好棚膜。此期盖膜后棚室内的温度高，尤其是有后墙的日光温室温度更高，因此与春季盖棚膜不同的是，盖膜后要将所有通风口打开，保持大通风，防止棚室内温度过高。日光温室扣膜后，可将棚前沿的一幅薄膜卷起，并打开顶部通风口；大拱棚扣膜后，可将大拱棚两侧裙膜卷

起。因前期虫害较重，在通风口处、门口应安装 40 目的尼龙纱网
或防虫网（图 3–33）。

图 3–33　盖棚膜封防虫网

四、定植

秋延迟茬、秋冬茬采取小苗移栽。播种后 15 ~ 20 天，秧苗有
2 叶 1 心时即可定植。

选择晴天下午或阴天定植。高垄或高畦栽培。栽植密度应比早
春栽培密度小，厚皮甜瓜早熟品种每 667 m² 可种植 1 600 ~ 2 000
株；而晚熟品种每 667 m² 种植 1 500 ~ 1 700 株为宜。薄皮甜瓜，
爬地栽培每 667 m² 种植 1 1000 ~ 1 300 株，吊蔓栽培的每 667 m²
种植 1 500 株左右。

栽苗后及时浇水，水要浇透浇匀。定植后为防止幼苗萎蔫，刚
定植后可进行遮阴（图 3–34）。

五、定植后的管理

（一）温、湿度管理和光照调节

在山东及周围地区，9 月中旬前，以降温为重点，通风口应开

图 3-34　定植后大棚覆盖遮阳网遮阴

到最大，昼夜通风降温。到 9 月下旬天气转凉时，夜间应将所有棚膜盖好。10 月上旬，随着外界气温逐渐降低，通风口应逐渐减小，保持白天气温 27 ~ 30℃，夜间 15℃。当夜间棚室气温低于 15℃时，应考虑盖上草苫。大拱棚可在棚外底部围盖草苫（图 3-35）。

图 3-35　大拱棚外底部围盖草苫保温

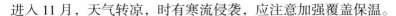

进入 11 月，天气转凉，时有寒流侵袭，应注意加强覆盖保温。

进入秋末冬初，光照逐渐减弱，应采取措施，改善棚室内的光照条件。经常清扫塑料薄膜表面的灰尘、碎草等。连阴天时，只要棚室内温度不很低，仍要揭开草苫，增加散射光。

（二）肥水管理

定植缓苗后，根据土壤墒情，在伸蔓期、瓜坐住后及膨瓜期，各浇一次水。前期适当控制水分，防止茎叶徒长。膨瓜期水分要充足，促进果实的膨大。果实将近成熟时要严格控制水分，以免影响品质。

幼瓜鸡蛋大小时，进入膨瓜期，可每 667m^2 追施硫酸钾 10kg、磷酸二铵 15～20kg，随水冲施。除施用速效化肥外，也可在膨瓜期随水冲施腐熟的鸡粪、豆饼等，每 667m^2 施用 250kg。

（三）整枝、授粉、留瓜

秋延迟茬和秋冬茬栽培甜瓜，植株伸蔓期生长快，易徒长，要及时授粉坐瓜才能控制植株生长过旺。厚皮甜瓜一般采用单蔓整枝，每株留 1～2 个瓜，大果型品种每株留 1 个瓜。留瓜节位一般在第 10 至第 14 节。开花期需进行人工授粉（或坐瓜灵处理）。

薄皮甜瓜爬地栽培可 2～3 蔓整枝，单株留 4～6 个果。吊蔓栽培时，采取单蔓或双蔓整枝，每株留 4～6 个果。

吊秧栽培的甜瓜，要及时将瓜用活结套住果柄吊起（图 3-36）。

六、采收

秋延迟茬、秋冬茬栽培甜瓜，在棚室内温度、湿度、光照等条件尚不致使果实受寒害的前提下，可适当晚采收。如果能延长至元旦后上市，则效益更高。因此时天气较冷，棚室气温不高，瓜的成熟速度较慢，成熟瓜在瓜秧上延迟数天收获，但夜间气温低于 5℃

图 3-36　吊瓜

易发生寒害或冻害，应考虑提前采收。

采瓜时，多将果柄带秧叶剪成"T"字形（图 3-37），可延长
货架期。

图 3-37　果柄剪成"T"字形

第四章

病虫害防治

第一节　病害防治

一、甜瓜白粉病

甜瓜白粉病主要为害叶片，也侵染叶柄、瓜蔓和瓜（图4-1、图4-2）。发病初期，叶面和叶背产生白色近圆形小霉点，后扩大成霉斑。环境适宜时，霉斑扩大连片，使全叶布满白色粉状物。后期白色粉状物变成灰白色，其上长出黑色小点。病斑连片使整个叶片变脆、枯黄、卷缩。叶柄、瓜蔓和瓜染病，病斑与叶片相同，严重时病部布满白粉。

图4-1　甜瓜白粉病（1）

图4-2　甜瓜白粉病（2）

防治措施：

（1）轮作换茬。与禾本科作物轮作 3 ～ 5 年。

（2）加强栽培管理。前茬收获后，彻底清除瓜株病残体。科学施肥，合理密植，防止植株早衰，以增强植株抗病力。适当控制浇水，及时通风。

（3）药剂防治。发病初期，可选用 2% 农抗 120 水剂 200 倍液，或用 10% 苯醚甲环唑水分散粒剂 2 000 倍液，或 40% 氟硅唑乳油 8 000 ～ 10 000 倍液，或 25% 吡唑醚菌酯乳油 2 000 ～ 3 000 倍液，或 25% 嘧菌酯悬浮剂 1 500 倍液，或 40% 多菌灵·硫磺悬浮剂 500 ～ 600 倍液。每隔 7 ～ 10 天喷 1 次药，连喷 3 ～ 4 次。

二、甜瓜霜霉病

甜瓜霜霉病在整个生育期均可发病。苗期染病，子叶上产生褪绿小黄斑，后扩展成黄褐色病斑。成株染病，叶面和叶背产生褪绿黄色病斑，沿叶脉扩展呈多角形（图 4-3、图 4-4），后期病斑变成浅褐色或黄褐色（图 4-5）。湿度大时，叶背面长出灰黑色霉层。棚室内湿度大时，病斑迅速扩展或融合成大斑块，致叶片上卷或干枯。

防治措施：

（1）选用抗霜霉病品种。玉姑等甜瓜品种抗病性较好。

图 4-3　甜瓜霜霉病（1）　　图 4-4　甜瓜霜霉病（2）

图 4-5　甜瓜霜霉病（3）

（2）加强田间管理。避免与瓜类作物连作。配方施肥，增强植株抗病性。及时整蔓，保持通风透光。浇水后及时放风，降低田间湿度。浇水时忌大水漫灌。

（3）药剂防治。发病初期可喷洒 25％嘧菌酯悬浮剂 1 500 倍液，或 52.5％霜脲氰·恶唑菌酮水分散粒剂 2 000 ～ 2 500 倍液，或 58％甲霜灵·代森锰锌可湿性粉剂 500 ～ 700 倍液，或 72％霜脲氰·代森锰锌可湿性粉剂 600 ～ 750 倍液，或 50％烯酰吗啉·代森锰锌可湿性粉剂 800 倍液，以上药剂可轮换使用。每隔 7 ～ 10 天 1 次，或视病情发展而定。

三、甜瓜蔓枯病

甜瓜茎蔓、叶片和果实均可受害，以茎蔓受害最重。主蔓和侧蔓发病，在茎基部呈淡黄色油渍状病斑，稍凹陷，椭圆形至梭形，后期病部龟裂，并分泌出黄褐色胶状物（图 4-6），干燥后呈红褐色或黑色块状。生长后期病部干枯，呈灰白色，表面散生黑色小点（图 4-7）。叶片上病斑黑褐色，多呈"V"字形（图 4-8），有时为圆形或不规则形，有不明显的同心轮纹，病叶干枯呈星状破裂。果

图4-6　甜瓜蔓枯病（1）　　　　图4-7　甜瓜蔓枯病（2）

图4-8　甜瓜蔓枯病（3）

实受害初期产生水渍状病斑，中央变褐色枯死斑，呈星状开裂，引起烂瓜（图4-9）。解剖病茎维管束不变色。

防治措施：

（1）田间管理。与禾本科作物实行2～3年的轮作，或

图4-9　甜瓜蔓枯病（4）

进行水旱轮作。施足腐熟基肥，采用配方施肥，增施钾肥。培育壮苗，增强植株抗病能力。清洁田园，及时清除病叶、病蔓、病瓜并深埋。

（2）种子处理。用55℃温水浸种15分钟，或用40%甲醛100倍液浸30分钟，或0.1%高锰酸钾浸种1小时，用清水洗净后播种。

（3）药剂防治。发病初期可选用10%苯醚甲环唑水分散粒剂1 000～1 500倍液，或60%吡唑醚菌酯·代森联水分散粒剂1 000倍液，或20.67%氟硅唑·恶唑菌酮乳油2 000～3 000倍液，或70%甲基硫菌灵可湿性粉剂600倍液，将以上药剂交替使用，每隔5～7天喷1次药。

四、甜瓜细菌性果斑病

甜瓜细菌性果斑病，简称BFB，是一种检疫性病害，除为害甜瓜外，还主要为害西瓜、西葫芦等葫芦科作物。叶片上病斑为多角形，后干枯变薄（图4-10）。病斑背面菌脓干后呈发亮薄层。多个病斑融合后变为黑褐色大斑。染病初期，果皮上呈现水渍状小斑点，逐渐变为褐色凹陷斑，中后期病果果肉呈水渍状腐烂（图4-11）。

防治措施：

（1）种子消毒。选用72%硫酸链霉素1 000

图4-10　甜瓜细菌性果斑病（1）

图 4-11　甜瓜细菌性果斑病（2）

倍液浸种 60 分钟后催芽播种；或用福尔马林 200 倍液浸种 30 分钟，或 1% 次氯酸钙浸种 15 分钟后，紧接着用清水浸泡 5 ~ 6 次，再催芽播种。

（2）田间管理。及时清除病残体。采用地膜覆盖和滴灌，降低田间湿度和防止灌水传染。适时进行整枝、打杈，保证田间通风透光。发现病株及时清除。

（3）药剂防治。用 72% 农用硫酸链霉素 1 500 倍液，或 3% 中生菌素可湿性粉剂 500 倍液喷雾，或 53.8% 氢氧化铜干悬浮剂 800 倍液，或 47% 春雷霉素·王铜可湿性粉剂 800 倍液喷雾。喷药时应做到均匀、周到、细致。每隔 7 天用药 1 次，连续用药 3 ~ 4 次。

五、甜瓜叶枯病

甜瓜叶枯病主要为害叶片。发病初期叶片上出现中间略凹陷的褐色小斑点，病斑边缘水渍状，病、健交界处十分明显（图 4-12），这是本病突出特点。发病后期病斑扩大连片，致使叶片干枯（图 4-13）。果实染病可导致腐烂。

防治措施：

（1）合理轮作。避免与葫芦科作物如黄瓜、西葫芦等连作。

（2）种子处理。采用 55℃ 温水浸种 20 分钟，消灭种子表面携带的病菌。

（3）加强田间管理。配方施肥，培育壮苗，提高抗病力。合理密植，避免大水漫灌，棚室内浇水后及时通风，降低田间湿度，不给病害提供大流行的条件。

（4）药剂防治。发病初期可选用 68.75% 恶唑

图 4-12　甜瓜叶枯病（1）

菌酮·代森锰锌水分散粒剂 1 500 倍液，或 25% 嘧菌酯悬浮剂

图 4-13　甜瓜叶枯病（2）

1 500 倍液，或 60% 吡唑醚菌酯·代森联水分散粒剂 1 000 倍液等喷雾防治。以上药剂交替使用。

六、甜瓜炭疽病

整个生长期均可受害，以生长中、后期发病较重。苗期子叶上病斑多发生在边缘，呈半椭圆形褐色斑（图 4-14）。成株期叶片发病，初为水渍状、圆形黄褐斑，很快干枯成黑褐色，外围有一黄褐色晕圈，有时具轮纹，后期常扩展成不规则形斑，干燥时易破碎。潮湿时叶背长出粉红色小点，后变黑色。茎和叶柄受害，呈椭圆形凹陷斑，表面有黑色小点。瓜受害，初为水渍状小点，扩大后呈圆形或椭圆形凹陷斑，暗褐色至黑褐色，凹陷处龟裂，潮湿时病斑中部产生粉红色黏质物。

图 4-14 甜瓜炭疽病

防治措施：

（1）种子消毒。用 55℃温水浸种 15 ~ 20 分钟后冷却，催芽育苗。或用福尔马林 150 倍液浸种 30 分钟，然后用清水冲洗干净，再用清水浸种。

（2）轮作与加强田间管理。与非葫芦科作物实行 3 年以上轮作。加强栽培管理，使植株生长健壮。收获后及时清除病残株及病瓜。

（3）药剂防治。发病初期可喷洒 68.75% 恶唑菌酮·代森锰锌水分散粒剂 1 200 ~ 1 500 倍液，或 50% 咪鲜胺锰盐可湿性粉剂 1 000 ~ 1 500 倍液，或 60% 吡唑醚菌酯·代森联水分散粒剂 1 000 倍液，或 20.67% 氟硅唑·恶唑菌酮乳油 2 000 ~ 3 000 倍液，5 ~ 7 天喷 1 次，连喷 3 ~ 4 次。

第二节 害虫防治

一、瓜蚜

蚜虫是甜瓜上最常见的害虫（图4-15）。成、若蚜均聚集在叶背或嫩茎上以刺吸口器吸食甜瓜植株的汁液，分泌蜜露污染植株。可使叶片卷曲皱缩，轻则叶片上绿色不匀或发黄，重则叶片卷曲枯萎。蚜虫除直接取食为害外，还传播病毒病。气温超过25℃时有利于瓜蚜繁殖。气候干旱有利于瓜蚜发生。

图4-15 蚜虫为害

防治措施：

（1）农业防治。瓜田要合理布局，减少蚜虫向田间迁飞。

（2）物理防治。利用蚜虫对黄色的趋性，用黄板诱杀蚜虫。利用蚜虫对银灰色的负趋性，用银灰色薄膜覆盖地面，或棚室周围挂银灰色薄膜条，可忌避蚜虫。

（3）化学防治。可选用5%氟啶脲乳油2 000倍液，或50%抗蚜威可湿性粉剂1 500倍液，或70%吡虫啉水分散粒剂7 500倍液，或2.5%溴氰菊酯乳油2 000倍液，或25%噻虫嗪水分散粒剂4 000倍液，喷药时要周到、细致、均匀。

二、温室白粉虱

白粉虱成虫、若虫群集叶背（图4-16），吸食汁液，使叶片褪色、变黄、萎蔫，植株生长衰弱，甚至死亡。成虫、若虫分泌大量蜜露，堆积于叶面及果实，引起煤污病的发生。同时，白粉虱还可传播病毒病。温室外以卵越冬。温室内1年发生10余代。由于温室、塑料大棚和露地蔬菜生产的衔接和交替，白粉虱可周年发生。

图4-16 温室白粉虱

防治措施：

（1）农业防治。把育苗床与生产棚室分开，通风口用防虫网密封，培育无虫苗。整枝时摘除老龄若虫集中的下部老叶，深埋或烧毁。

（2）黄色粘虫板诱杀成虫。用1m×0.2m大小的黄板，每667m^{2}放32 ~ 35块。

（3）生物防治。每株0.5头成虫时，人工释放丽蚜小蜂3 ~ 5头/株，10天放1次，连放3 ~ 4次。

（4）化学防治。可选用2.5%溴氰菊酯乳油2 000倍液，或10%吡虫啉可湿性粉剂4 000倍液，或25%噻虫嗪水分散粒剂2 500～5 000倍液，或2.5%多杀霉素乳油2 000倍液喷雾，5～7天喷1次药，连续防治2次。

三、蓟马

种类较多，常见的是棕榈蓟马。以成虫和若虫锉吸植株嫩梢、嫩叶、花和幼果的汁液（图4-17）。受害叶片的叶脉间有灰色小斑点（图4-18），叶片上卷，甚至顶叶无法伸展。也可传播病毒病。喜欢温暖干燥的环境，气温25℃，相对湿度60%以下，有利于蓟马发生。

图4-17　蓟马为害花

防治措施：

（1）农业防治。清除枯枝残叶，集中烧毁。适时栽植，避开为害高峰期。

（2）蓝板诱杀。利用蓟马趋蓝色的特点，在田间设置蓝色粘虫板捕杀。

（3）化学防治。抓住1～2龄若虫为害的时机施药防治。可

图 4-18 蓟马为害后期

选用 2.5% 多杀霉素悬浮剂 1 000 倍液，或 5% 氟虫腈悬浮剂 2 000 倍液，或 10% 虫螨腈悬浮剂 2 000 倍液，或 70% 吡虫啉水分散粒剂 1 500 倍液喷雾防治。

四、美洲斑潜蝇

成虫、幼虫均可为害。雌虫在叶片上产卵和取食。幼虫潜入叶片、叶柄为害，蛀成弯弯曲曲的隧道。隧道初为白色，后变褐色，随幼虫成长潜道加宽（图 4-19）。由于幼虫为害，叶绿素和叶肉细

图 4-19 美洲斑潜蝇为害

胞遭到破坏，使植株发育延迟甚至枯死。卵孵化期 2 ~ 5 天。24℃气温下，幼虫发育期 4 ~ 7 天，幼虫成熟后通常在破裂叶片表皮外或土壤表层化蛹，高温和干旱对化蛹不利。

防治要点：

（1）清除残株。及时清洁田园，残株及杂草集中烧毁。

（2）诱杀成虫。利用成虫对黄色的趋性，在田间放置粘虫板（粘虫板黄色，外涂机油），以诱杀成虫。每 667m² 可放 1m × 0.2m 大小的粘虫板 32 ~ 34 块。

（3）药剂防治。防治成虫应在羽化高峰的上午进行，可喷洒 1.8% 阿维菌素乳油 3 000 倍液，或 5% 氟啶脲乳油 2 000 倍液，或 40% 绿菜宝乳油 1 500 倍液。防治幼虫应在 2 龄前、虫道 2cm 以下时进行，可喷洒 1.8% 阿维菌素乳油 2 500 倍液，或 10% 吡虫啉可湿性粉剂 3 000 倍液。防治时上述药剂要交替使用。

第五章

生产中常见问题

一、化瓜

甜瓜化瓜是指授粉前或授粉后刚坐的小瓜黄化干瘪，直至脱落的现象。

原因：

植株营养不良，如种植密度过大，植株光照不足造成化瓜（图5-1）。低温等因素造成授粉受精不良，同时又未用生长调节剂蘸花。已有正在发育的瓜，幼瓜得不到充足营养而化瓜（图5-2）。

图5-1　营养不良造成化瓜

防治措施：

施足底肥，保证营养供给。培育壮苗，使幼苗有较好的吸收营养能力。合理密植，保证植株足够的营养面积。采用人工辅助授粉，或蜜蜂授粉，也可用生长调节剂蘸花，促进果实膨大。

二、扁平瓜

扁平瓜是果实横径明显大于纵径的果实（图5-3）。

图5-2　果实间营养竞争造成化瓜　　　　图5-3　扁平瓜

原因：

在圆球形或近球形品种中表现突出。幼果生产前期纵向未能充分发育；植株营养生长弱，叶片小，果实发育因得不到充足的同化养分而受阻。结果节位低，结果发育处于较低温度。花期为促使坐果而控水，后期为促进果实膨大而大量灌水施肥。

防治措施：

调节栽培季节和改善设施栽培的光温条件，使果实发育处于正常温度。结果部位不要过低，保证果实发育期间得到充足的同化营养。对生长势差的植株适当推迟结果。坐果期要注意水分供应。

三、尖嘴瓜

生产上尖嘴瓜经常发生（图5-4）。

原因：

植株叶片营养同化机能下降，果实得不到充足的营养。花多、坐果率高,易产生尖嘴瓜或化瓜。坐果晚的果实更易成为尖嘴瓜。

防治措施:

适期追肥,防止生长期间脱肥。施足底肥。注意防治病虫害,保持适宜的叶面积。

四、裂瓜

甜瓜生产上经常发生裂瓜现象(图5-5)。

图5-4 尖嘴瓜

图5-5 裂瓜

原因:

肉质脆的品种容易裂瓜。结瓜期果实的供水量骤然变化,如久旱遇雨或久旱后突然浇大水。久阴乍晴,或棚室内温度骤然变化。缺钙的地块。坐瓜激素使用浓度过高。

防治措施:

注意选用果皮韧性大、不易裂瓜的品种。膨瓜期浇水要均衡,避免短期浇水骤增或大水漫灌,采收前5~7天停止浇水。高温期要于清晨或傍晚浇水。适量补充磷、钙肥,提高果皮韧性。施用坐瓜灵处理果实时，要严格掌握浓度。

五、果面斑点

甜瓜果实表面产生黄色或褐色斑点，斑点发生部位和大、小各不相同，有时几乎布满整个瓜（图 5-6），果实商品价值大大降低。

图 5-6　果面斑点

原因：

生长发育健全的植株很少发生斑点瓜。湿度过大易发生。生长势差。杀虫剂或杀菌剂使用不当造成果面产生斑点。

防治措施：

促进根系的发育，保证植株健壮生长。喷施的药剂要充分溶解，喷药时要注意尽量少喷到果实上。果实坐住后及时套袋（图5-7）。

六、发酵果

甜瓜果实出现发酵果有两种情况：一是果实生理成熟后，果肉和瓜瓤呈水浸状（图 5-8），肉质变软，胎座部分逐渐发酵产生酒味和异味；二是未成熟前早期出现异常的发酵果。

原因：

主要是缺钙引起的病症，供钙不足时果肉的细胞与细胞间组织

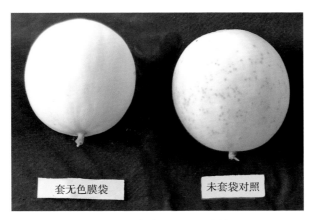

图 5-7　套袋减少果面斑点效果

图 5-8　发酵果

很早就开始解体，变成发酵果。一是当氮、钾元素营养过高时，影响了钙的吸收利用；二是长时间高温、干燥，根系发育不良，生长弱，影响了钙的吸收作用。

防治措施：

合理施肥，不偏施氮肥，培育壮苗，适时中耕，保持植株的生长势。叶面喷施补充钙肥，保证植株对营养元素的均衡营养，避免出现长时间高温环境。适时采收，可防止发酵果的发生。

七、药害

药害有急性、慢性两种。急性是喷药后几小时至 3 ~ 4 天出现明显症状，发展迅速。如烧伤、凋萎、卷叶（图 5-9）、落叶、落花、落果。慢性药害是在喷药后，经较长时间才表现生长不良、叶片畸形、成熟推迟、风味变劣、籽粒不饱满等。

图 5-9　过量使用百菌清烟熏剂造成药害

原因：

施药不当时，药剂的微粒直接阻塞叶表气孔、水孔，或进入组织里堵塞了细胞间隙，致作物正常呼吸作用、蒸腾和同化作用受

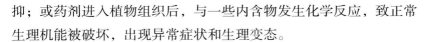
抑；或药剂进入植物组织后，与一些内含物发生化学反应，致正常生理机能被破坏，出现异常症状和生理变态。

防治措施：

正确掌握施药技术，严格按规定浓度、用量配药，做到科学合理混用。避免在炎热中午施药。药害后应及时灌水，增施磷钾肥，中耕促进根系发育，增强恢复能力。药害发生初期，可以用1%白糖水溶液，或含有芸苔素内酯、赤霉素等成分的药物缓解药害。